I0007562

Wolfgang Kratsch

Design von Anreizsystemen im Attended Home Delivery

Vorstellung mathematischer Modellformulierungen
und anschließende Implementierung
des Systems mit IBM ILOG und MS EXCEL

Kratsch, Wolfgang: Design von Anreizsystemen im Attended Home Delivery: Vorstellung mathematischer Modellformulierungen und anschließende Implementierung des Systems mit IBM ILOG und MS EXCEL. Hamburg, Bachelor + Master Publishing 2014

Originaltitel der Abschlussarbeit: Design von Anreizsystemen im Attended Home Delivery: Vorstellung mathematischer Modellformulierungen und anschließende Implementierung des Systems mit IBM ILOG und MS EXCEL

Buch-ISBN: 978-3-95820-249-8
PDF-eBook-ISBN: 978-3-95820-749-3
Druck/Herstellung: Bachelor + Master Publishing, Hamburg, 2014
Covermotiv: © Kobes · Fotolia.com
Zugl. Universität Augsburg, Augsburg, Deutschland, Bachelorarbeit, Juli 2014

Bibliografische Information der Deutschen Nationalbibliothek:
Die Deutsche Nationalbibliothek verzeichnet diese Publikation in der Deutschen Nationalbibliografie; detaillierte bibliografische Daten sind im Internet über http://dnb.d-nb.de abrufbar.

Das Werk einschließlich aller seiner Teile ist urheberrechtlich geschützt. Jede Verwertung außerhalb der Grenzen des Urheberrechtsgesetzes ist ohne Zustimmung des Verlages unzulässig und strafbar. Dies gilt insbesondere für Vervielfältigungen, Übersetzungen, Mikroverfilmungen und die Einspeicherung und Bearbeitung in elektronischen Systemen.

Die Wiedergabe von Gebrauchsnamen, Handelsnamen, Warenbezeichnungen usw. in diesem Werk berechtigt auch ohne besondere Kennzeichnung nicht zu der Annahme, dass solche Namen im Sinne der Warenzeichen- und Markenschutz-Gesetzgebung als frei zu betrachten wären und daher von jedermann benutzt werden dürften.

Die Informationen in diesem Werk wurden mit Sorgfalt erarbeitet. Dennoch können Fehler nicht vollständig ausgeschlossen werden und die Diplomica Verlag GmbH, die Autoren oder Übersetzer übernehmen keine juristische Verantwortung oder irgendeine Haftung für evtl. verbliebene fehlerhafte Angaben und deren Folgen.

Alle Rechte vorbehalten

© Bachelor + Master Publishing, Imprint der Diplomica Verlag GmbH
Hermannstal 119k, 22119 Hamburg
http://www.diplomica-verlag.de, Hamburg 2014
Printed in Germany

Inhaltsverzeichnis

Abbildungsverzeichnis

Tabellenverzeichnis

Abkürzungsverzeichnis

ATD	Attended Home Delivery
UATD	Unattended Home Delivery
RM	Revenue Management
LP	Lineares Programm
GRASP	Greedy Randomized Adaptive Search Procedure
OPL	Optimization Programming Language

1 Einleitung

Mit dem Warenvertrieb im Internet startete 1995 die digitale Revolution des Handels. Ein Großteil der Märkte hat sich seitdem neu sortiert. Teilweise wurden ganze Geschäftszweige in das Internet verlagert. In der Musikindustrie wurde z.B. der Verkauf von Tonträgern weitestgehend durch den Vertrieb von Downloads ersetzt. In anderen Bereichen war für eine erfolgreiche Etablierung der mit dem World Wide Web entstandenen Technologien die Zeit jedoch noch nicht reif genug. So blieben manche Handelssektoren bisher weitestgehend unberührt von dieser Welle. Ein Beispiel hierfür ist der Lebensmittelhandel. Laut einer Studie von Wagner und Wiehenbrauk (2014) betrug der Marktanteil des Internetvertriebs von Lebensmittel im Jahr 2010 lediglich 0,3 Prozent des Gesamtumsatzes in Deutschland. Im Rahmen dieser Studie prognostizieren diese jedoch für das Jahr 2020 einen Marktanteil von 20 Prozent (ebd., S. 11). Verantwortlich für das enorme Wachstum dieses Geschäftsfelds seien zum einen veränderte Gewohnheiten durch die fortschreitende Digitalisierung, zum anderen werde auch der Faktor Demografie immer wichtiger, so die Autoren. In den kommenden Jahren ist ein immer größerer Teil der Gesellschaft auf Grund eingeschränkter Mobilität vor allem im Bereich der Lebensmittel auf Lieferung ihrer Einkäufe, dem sogenannten Home Delivery Service angewiesen. Ein weiterer Treiber könnte in der Zunahme der Ressourcenknappheit liegen. So wird z.B. der Platz auf Deutschlands Straßen und Parkplätzen immer knapper, außerdem wird ein steigender Treibstoffpreis vorhergesagt. Eine Bündelung von mehreren Bestellungen in einer Auslieferungstour ermöglicht grundsätzlich eine effizientere Ressourcennutzung, als wenn jeder Kunde seine Einkäufe im Supermarkt erledigt.

Zu unterscheiden sind dabei zwei Ausprägungen, das Attended (ATD) und das Unattended Home Delivery (UATD). Beim UATD erfolgt die Zustellung der Ware wie beim klassischen Onlineshopping über einen herkömmlichen Paketdienst, wohingegen beim ATD ein spezieller Kurier zum Einsatz kommt, welcher die Ware dem Kunden in einem festgelegten Zeitfenster persönlich überreicht. Die Herausforderung besteht dabei darin, eine möglichst große Auswahl an Liefermöglichkeiten anzubieten, gleichzeitig aber die dadurch verlorene Flexibilität in der logistischen Planung so gering wie möglich zu halten. Das Angebot möglichst vieler, kurzer Lieferzeitfenster ermöglicht z.B. ein hohes Service Level, schränkt aber gleichzeitig auch die Flexibilität im Routing ein, was zu längeren und teureren Routen führt.

Die frühen Versuche des Home Delivery in der Lebensmittelbranche erfolgten überwiegend im Bereich des UATD, da die strukturellen Markteintrittsbarrieren in dieser Marktausprägung durch die Ausgliederung der Distribution wesentlich geringer sind. Um trotzdem verderbliche Waren zustellen zu können, sind dabei aber spezielle, kosten- und ressourcenintensive Verpackungsmethoden notwendig. Dies führt häufig zu hohen Lieferpreisen, wie ein Test des Magazins Computer Bild (vgl. Brins, 2013) zeigt. Das Magazin führte den Einkauf eines identischen Testwarenkorbs bei mehreren Händlern durch. Am schlechtesten schnitt hierbei Amazon ab, die in Deutschland ihre UATD Strategie des bisherigen, sehr erfolgreichen Onlinegeschäfts ohne Anpassungen auf die Lebensmittelsparte übertragen haben. Ausschlaggebend für das schlechte Testergebnis waren vor allem die überdurchschnittlichen Liefergebühren, sowie der nicht wählbare Lieferzeitraum (ebd.). Einen nachhaltigeren Erfolg ermöglicht dagegen das ATD, mit welchem vor allem Firmen in den USA (wie z.B. Peapod) und in den Niederlanden (wie z.B. Albert) schon große Erfolge verzeichnen können. Aber auch in Deutschland wird dieser zukunftsträchtige Markt zunehmend erschlossen. So bieten die Supermarktketten REWE und Tengelmann bereits in einigen Städten einen ATD Service an. Die Fälle einiger gescheiterter Unternehmungen, wie z.B. Webvan zeigen aber auch, dass ein Bestehen am Markt nur durch das Erreichen einer gesunden Gewinnmarge gesichert werden kann, was auf Grund der preissensiblen Kunden nur durch eine erhebliche Reduktion der Kosten realisierbar ist. Einen Beitrag dazu kann z.B. ein System leisten, welches durch eine Anreizsetzung wie z.B. einer Preisdifferenzierung die Kundenauswahl auf aus Anbietersicht kostengünstige Zeitfenster lenkt.

Der zweite Abschnitt bietet ein Überblick über die aktuellen wissenschaftlichen Entwicklungen im ATD. Daraus werden in Abschnitt 3 zwei ausgewählte mathematische Modelle vorgestellt und ein Vergleich zwischen den Modellen angestellt. In Abschnitt 4 wird eines davon als Anreizsystem implementiert und anschließend auf dessen Leistungsfähigkeit und Sensitivität gegenüber Veränderungen der Umwelt überprüft. Limitationen dieser Arbeit sowie weitere Forschungslücken werden in Abschnitt 5 diskutiert.

Ziel der Arbeit ist es, mögliche Anreizsysteme aufzuzeigen und deren Beitrag zum Erfolg eines ATD Services zu untersuchen.

2 Literaturüberblick

Nach Agatz et al. (2013) lässt sich der Forschungsbereich des ATD, angelehnt an die Bereiche des Revenue Managements (RM), in vier unterschiedliche Ansätze unterteilen. Als Unterscheidungskriterien werden zum einen die Modellarten mit den Ausprägungen dynamisch und statisch herangezogen, zum anderen wird eine Unterscheidung zwischen Pricing und Slotting, also der Allokation von Zeitfenstern, vorgenommen.

Statische Modelle im Bereich der Kapazitätssteuerung bezeichnet man als Differentiated Time Slotting. Ziel dieses Forschungsbereiches ist es, durch die spezielle Anpassung von Zeitfenstern an die Bedürfnisse unterschiedlicher Kundengruppen eine effizientere Routenplanung zu ermöglichen. Eine für diese Anwendung sinnvolle Segmentierung der Kundengruppen kann dabei nach geographischen Kriterien wie beispielsweise des PLZ-Gebiets erfolgen. Agatz et al. (2008a) teilen die Gestaltung von Lieferzeitfenstern in zwei Schritte auf. Im ersten Schritt geht es darum, die Serviceanforderungen und Lieferkosten eines Gebiets zu bestimmen. Im zweiten Schritt werden den Gebieten spezifisch gestaltete Zeitfenster zugewiesen, die möglichst alle Serviceanforderungen erfüllen. Bei diesem Vorgang spielen Überlegungen der Routenplanung eine große Rolle, da diese Zuweisung für den Grad der Effizienz der Routenbildung entscheidend ist. In der wissenschaftlichen Literatur werden in diesem Forschungsbereich häufig Untersuchungen zum Einfluss der Länge der Zeitfenster angestellt (vgl. Agatz et al., 2008a, S. 7). So vergleichen bspw. Punakivi und Saranen (2001) die Struktur der Lieferkosten mehrerer Händler und kommen zum Ergebnis, dass sich die Kosten des UATD Services auf nur ein Drittel der Kosten des ATD Services mit zweistündigen Lieferzeitfenstern belaufen. Dies zeigt den Effizienzgewinn der Routenplanung durch die Relaxierung von Beschränkungen auf Grund zugesicherter Zeitfenster (vgl. Agatz et al., 2008a, S. 7). Agatz et al. (2008b) thematisieren darüber hinaus das Problem der Zuweisung von Zeitfenstern zu Liefergebieten. Sie beschreiben, inwiefern Zeitfenster spezifisch gestaltet werden können, um die Serviceanforderungen eines Gebiets zu erfüllen.

Eine gewinnmaximierende Echtzeitsteuerung des Zeitfensterplans ermöglichen dynamische Modelle im Bereich der Kapazitätssteuerung. Diese werden allgemein als Dynamic Time Slotting bezeichnet. Der wichtigste Erfolgsfaktor ist hierbei eine realitätsnahe Abbildung des Kundenverhaltens. Die grundlegende Idee besteht darin, dem Kunden nur eine reduzierte, gewinnmaximierende Menge an Lieferzeitslots zur Auswahl anzubieten.

3

Dabei ist die erfolgsentscheidende Frage, wie ein Kunde auf angebotene Alternativen reagiert, sofern dessen präferiertes Lieferzeitfenster nicht in dieser Menge enthalten ist (vgl. Agatz et al., 2008a, S. 9). In der wissenschaftlichen Literatur lässt sich als grundlegende Thematik in diesem Bereich vor allem die Entscheidung über die Annahme bzw. Ablehnung einer Lieferung in einem spezifischen Lieferzeitfenster feststellen. So entwickeln bspw. Bent und Hentenryck (2004) ein Modell, welches auf Basis von stochastischen Informationen über zukünftige Bestellungen eine Entscheidung über die Angebotsmenge an Zeitslots für eine betrachtete Bestellung treffen kann. Als Maximierungskriterium wird hierbei die Anzahl der angenommenen Bestellungen festgelegt. Campbell und Savelsbergh (2005) nehmen darüber hinaus die Möglichkeit auf, dass zur Gewinnmaximierung teure Lieferungen abgelehnt werden können, um Kapazitäten für günstigere Lieferungen freizuhalten, die in der Zukunft eintreffen könnten.

Differentiated Pricing Modelle verfolgen zur Gewinnmaximierung einen anderen Ansatz. So soll die Nachfrage durch spezifische Lieferpreise unterschiedlicher Zeitfenster geglättet werden. Dadurch werden ebenso kostspielige Überkapazitäten wie auch Nachfrageverluste durch Unterkapazitäten vermieden (vgl. Agatz et al., 2013, S. 134). Da die Einführung eines solchen Systems wenig komplex ist und die Preise ausschließlich nach statistischen Beobachtungen des Marktes fix festgelegt werden, wird in diesem Bereich im Zusammenhang mit ATD kaum Forschung betrieben.

Deutlich mehr Forschungsbeiträge lassen sich dagegen, wie auch diese Arbeit, dem Bereich des Dynamic Pricing zuordnen. Der Grundgedanke der gewinnmaximierenden Beeinflussung von Kundenentscheidungen durch Preisdifferenzierung wird hierbei um eine dynamische Komponente erweitert, die in Echtzeit über die Höhe des Anreizes entscheiden kann. Dadurch können die Preise bei spontanen Markt- und Nachfrageveränderungen automatisiert angepasst werden. So wird die Effektivität der Preisdifferenzierung erhöht und das Verlustrisiko durch unwirksame Anreize verringert. Hierzu sind zwei unterschiedliche Ansätze möglich. Zum einen kann die Nachfrage durch eine kapazitätsabhängige Preissteuerung unter Einbeziehung stochastischer Informationen über zukünftige Bestellungen, ebenso wie auch beim statischen Pricing, geglättet werden. Zum anderen ist auch eine Distanzminimierung der Lieferrouten durch eine geografische Bündelung der Bestellungen denkbar, welche durch gezielte Anreizsetzung auf Zeitfenster mit geringen Lieferkosten erreicht wird (vgl. Agatz et al., 2013, S. 136). Ersteren Ansatz verfolgen Asdemir et al. (2009), indem sie ein Modell vorstellen, welches spezifische

Lieferpreise für unterschiedliche Zeitfenster und Kundengruppen dynamisch berechnet. Dieses Modell wird in Abschnitt 3.2 näher erläutert. Campbell und Savelsbergh (2006) verfolgen dagegen den zweitgenannten Ansatz. Die Autoren entwickeln ein Modell, welches für jede neue Bestellung auf Basis bereits angenommener Bestellungen die kostengünstigsten Zeitfenster ermittelt, um gewinnmaximierende Rabatte auf diese zu berechnen. Eine genauere Erläuterung dieses Modells erfolgt in Abschnitt 3.1. Yang et al. (2013) erweitern dieses Modell, indem sie stochastische Informationen über die Lieferkosten zukünftiger Bestellungen mit einbeziehen. Zusätzlich wird ein erweitertes Customer Choice Modell eingesetzt, welches das Kundenverhalten realistischer abbilden kann.

3 Mathematische Modellformulierung

In diesem Abschnitt werden zwei Modelle vorgestellt, die sich dem Forschungsbereich Dynamic Pricing zuordnen lassen. In den Abschnitten 3.1 und 3.2 erfolgt jeweils eine Einführung in die betrachteten Modelle, in Abschnitt 3.3 werden diese dann gegenübergestellt und auf Unterschiede und Gemeinsamkeiten untersucht.

3.1 Modellierung unter Verwendung dynamischer Rabatte

Dieser Abschnitt baut auf einem Modell von Campbell und Savelsbergh (2006) auf. Ziel des Modells ist es, Kunden durch einen finanziellen Anreiz in Form eines Rabatts auf bestimmte Lieferzeitfenster zu lenken. Dadurch sollen die Bestellungen geografisch gebündelt und somit die Lieferkosten gesenkt werden. Die Preise werden hierbei nicht, wie im Dynamic Pricing üblich, vollständig dynamisch bestimmt. Stattdessen bildet ein Fixpreis die Grundlage für den Lieferpreis eines Zeitfensters. Hinzu kommt die Möglichkeit, den Preis in einzelnen Zeitfenstern durch einen Rabatt zu verringern, welcher dynamisch berechnet wird. Dadurch können die Preise einfacher ermittelt werden, als wenn diese vollständig dynamisch bestimmt würden. Zudem stoßen Rabatte in Verbindung mit einem Fixpreis bei Kunden oft auf eine größere Akzeptanz, da die Preisermittlung transparenter dargestellt werden kann. Ein weiterer Vorteil von Rabatten besteht darin, dass die endgültige Preisgestaltung, wie z.B. das Anbieten einer kostenlosen Lieferung, der Marketingstrategie überlassen bleibt, da das Anreizsystem unabhängig davon agieren kann. Der Betrachtungsgegenstand einer Modellinstanz ist eine neu ankommende Bestellung bei beliebig vielen schon angenommenen und geplanten Bestellungen. Da Campbell und Savelsbergh (2006) zuerst ein nichtlineares Modell einführen und dieses in einem zweiten Schritt in die Form eines linearen Programms (LP) bringen, orientiert sich der Aufbau dieses Abschnittes an deren Vorgehen.

3.1.1 Einführung eines nichtlinearen Grundmodells

In Tabelle 1 werden die zur Modellformulierung benötigten Inputparameter, in der Reihenfolge des Auftretens im Formenkonstrukt, eingeführt. Der Index t spezifiziert dabei die einzelnen Zeitfenster, bei T Zeitfenstern läuft dieser also von 1 bis T. [1]

U	Menge aller Zeitfenster, die einen Rabatt erhalten sollen
r	Erwarteter Umsatz der ankommenden Bestellung
C_t	Einfügekosten[2] der ankommenden Bestellung in das Zeitfenster t
p_t	Wahrscheinlichkeiten, zu denen der Kunde der ankommenden Bestellung das Zeitfenster t wählt
x	Preissensibilitätsfaktor
O	Menge aller zur Verfügung stehenden Zeitfenster
$V = O \setminus U$	Menge aller Zeitfenster ohne Rabatte
B	Maximale Vergünstigung, die ein einzelnes Zeitfenster erhalten darf

Tabelle 1: Bedeutung der Inputparameter

Als Entscheidungsvariablen werden festgelegt:

l_t	Rabatte bei Auswahl der einzelnen Zeitslots
z	Hilfsvariable, welche die Beeinflussung der Auswahlwahrscheinlichkeit durch die Rabatte ausgleicht und sicherstellt, dass kein Zeitfenster eine negative Auswahlwahrscheinlichkeit erhält

Tabelle 2: Bedeutung der Entscheidungsvariablen

---

[1] Campbell und Savelsbergh (2006) führen noch einen zusätzlichen Index i ein, welcher den neu ankommenden Kunden bezeichnet. Da für jede neue Bestellung und somit für jeden Kunden aber sowieso eine neue Modellinstanz gebildet werden muss, wird an dieser Stelle zur Vereinfachung darauf verzichtet.
[2] Die Einfügekosten werden in einem Preprocessing ermittelt, auf welches in Abschnitt 4.2 näher eingegangen wird.

Mit den eben eingeführten Variablen und Inputparametern lässt sich folgende Zielfunktion bilden:

(1) $\max \underbrace{\sum_{t \in U}(r - C_t - I_t)(p_t + xI_t)}_{a} + \underbrace{\sum_{t \in V}(r - C_t)(p_t - z)}_{b}$

Die Zielfunktion maximiert den erwarteten Gewinn des Lieferplans. Sie setzt sich aus zwei Summanden zusammen. Summand a quantifiziert hierbei den Gewinn aus Zeitfenstern mit Rabatten, Summand b drückt den Gewinn aus allen Zeitfenstern ohne Rabatte aus. Um den erwarteten Gewinn eines Lieferzeitfensters zu erhalten, werden für alle Zeitfenster die Einfügekosten C_t vom Umsatz r der Bestellung abgezogen. Bei Zeitfenstern mit Rabatten wird zusätzlich noch die gewährte Vergünstigung abgezogen und das Ergebnis mit der modifizierten Auswahlwahrscheinlichkeit $(p_t + xI_t)$ multipliziert (siehe Summand a). Um die Verschiebung der Wahrscheinlichkeiten auszugleichen, wird bei den Auswahlwahrscheinlichkeiten der Zeitfenster ohne Rabatte die Entscheidungsvariable z abgezogen. Damit keine Auswahlwahrscheinlichkeit negativ wird, wird folgende Nebenbedingung festgelegt:

(2) $z \leq p_t \ \forall \ t \in V$

Somit kann z maximal den Wert des geringsten p_t aller Zeitfenster erreichen, bei denen kein Rabatt gewährt wird. Die Größe von z ist darüber hinaus davon abhängig, wie stark der Kunde auf Rabatte reagiert, also dem Parameter x. Diese Verbindung wird über die zweite Nebenbedingung hergestellt:

(3) $\sum_{t \in U} xI_t = z|V|$

Durch eine kleine Umformung dieser Nebenbedingung erhält man die Gleichung $z = \frac{\sum_{t \in U} xI_t}{|V|}$. Daran wird ersichtlich, dass an dieser Stelle sicher gestellt wird, dass z im gleichen Maße steigt wie das Summenprodukt aus allen Rabatten und dem Preissensibilitätsfaktor, geteilt durch die Anzahl an Zeitfenstern, welche kein Rabatt erhalten ($|V|$).

Abschließend wird noch eine Nebenbedingung benötigt, die sicherstellt, dass die Rabatte zum einen die gesetzte Grenze nicht überschreiten und zum anderen nicht negativ werden. Mathematisch lässt sich dieser Sachverhalt wie folgt formulieren:

(4) $0 \leq I_t \leq B \ \forall \ t \in U$

3.1.2 Linearisierung des Grundmodells

Beim genaueren Betrachten des Summanden a der Zielfunktion (1) fällt auf, dass dort die Entscheidungsvariable I_t quadriert wird. Somit handelt es sich hierbei um ein nichtlineares Optimierungsmodell, welches für große Instanzen nur durch erheblichen Rechenaufwand zu lösen ist. Da aber für jede neu ankommende Bestellung eine neue Modellinstanz gelöst werden muss, ist ein nichtlineares Optimierungsmodell für die Anwendung in der Praxis kaum einsetzbar. Daher ist es sinnvoll, ein lineares Modell zu finden, welches bei wesentlich geringerem Rechenaufwand eine möglichst gute Approximation liefert. Die Linearisierung des Grundmodells erfolgt in Anlehnung an Campbell und Savelsbergh (2006). Dazu muss zuerst der nichtlineare Teil der Funktion durch Umformungen isoliert werden:

(1) $\max \sum_{t \in U}(r - C_t - I_t)(p_t + xI_t) + \sum_{t \in V}(r - C_t)(p_t - z)$

(5) $\max \sum_{t \in U}(rp_t + rxI_t - C_tp_t - C_txI_t - I_tp_t - I_txI_t) + \sum_{t \in V}(rp_t - rz - C_tp_t + C_tz)$

Bei der Funktion (5) handelt es sich um eine ausmultiplizierte Form der Funktion (1). In dieser Form können konstante Summanden (grau hinterlegt) gut identifiziert werden. Diese können zur Vereinfachung vorerst weggelassen werden, da die Berechnung der Entscheidungsvariablen dadurch nicht beeinflusst wird. Somit erhalten wir folgende Funktion (6):

(6) $\max \sum_{t \in U}(x(r - c_t) - p_t) - p_t)I_t - \sum_{t \in U} x(I_t)^2 - \sum_{t \in V}(r - C_t)z$

Damit ist der nichtlineare Term $(I_t)^2$ isoliert. Dieser quadratische Term wird nun für jedes t durch eine abschnittsweise definierte lineare Funktion (7) ersetzt, welche über $f - 1$ Intervalle abgebildet wird[3]. Die unterste Intervallgrenze liegt bei $I_t = 0$, die oberste Intervallgrenze beträgt $I_t = u$. Die Ermittlung von u lässt sich der Gleichung (8) entnehmen.

(7) $(I_t)^2 = \left(\frac{u}{f-1}\right)^2 y_{2,t} + \left(\frac{2u}{f-1}\right)^2 y_{3,t} + \cdots + u^2 y_{f,t}$

(8) $u = \min(B, \frac{\min_{t \in V} p_t}{x}|V|)$

---

[3] Für die grundsätzliche Vorgehensweise für eine Approximation einer stetigen Funktion mit einer Variable durch eine abschnittsweise definierte lineare Funktion sei an dieser Stelle auf Nemhauser und Wolsey (1988) verwiesen.

Durch (8) wird sichergestellt, dass die Vergünstigung eines Zeitfensters maximal so groß wird, dass diese B nicht überschreitet und dass kein p_t negativ wird. Durch die y - Variablen können, wie in Abbildung 1 durch die roten Linien visualisiert, Linearkombinationen zwischen den Stützpunkten (rote Punkte) hergestellt werden. Grundsätzlich müssen an dieser Stelle zusätzlich für jeden Abschnitt Binärvariablen eingeführt werden, die in einer zusätzlichen Nebenbedingung sicherstellen, dass Linearkombinationen immer nur zwischen zwei benachbarten Stützpunkten hergestellt werden können. Da die zu approximierende Funktion konkav ist und eine Maximierung durchgeführt wird, kann in diesem Fall jedoch darauf verzichtet werden. In Abbildung 1 wird die quadratische Zielfunktion blau dargestellt, die lineare Approximation mit $f = 5$ ist rot markiert.

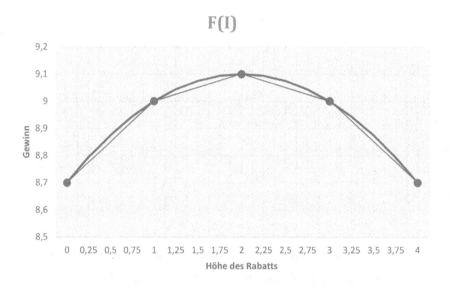

Abbildung 1: Verlauf des Zielfunktionswerts bei einem Zeitfenster mit Rabatt[4]

Somit erhalten wir folgendes LP:

(9) $\max \sum_{t \in U} (x(r - C_t) - p_t) I_t - x \sum_{t \in U} \left[\left(\frac{u}{f-1} \right)^2 y_{t,2} + \left(\frac{2u}{f-1} \right)^2 y_{t,3} + \cdots + \right.$

$\left. u^2 y_{t,f} \right] - \sum_{t \in V} (r - C_t) z + \sum_{t \in U} (r p_t - C_t p_t) + \sum_{t \in V} (r p_t - C_t p_t)$

subject to

---

[4] Inputparameter: $U = \{1\}$; $r = 20$; $C_t = [7; 12; 16]$; $p_t = [0,3; 0,5; 0,2]$; $x = 0,1$: $O = \{1,2,3\}$; $B = 4$

(10) $\sum_{i=1}^{f} y_{i,t} = 1 \quad \forall\, t \in U$

(11) $I_t = \frac{u}{f-1} y_{t,2} + \frac{2u}{f-1} y_{t,3} + \cdots + u y_{t,f}$

(12) $z \leq p_t \; \forall\, t \in V$

(13) $\sum_{t \in U} x I_t = z|V|$

(14) $0 \leq I_t \leq B \; \forall\, t \in U$

Um (9) zu erhalten, wurde der nichtlineare Teil der Funktion (6) durch (7) ersetzt, außerdem wurden alle konstanten Terme der Zielfunktion wieder addiert, um die Vergleichbarkeit der Zielfunktionswerte zu gewährleisten. Die neu eingeführten Nebenbedingungen (10) und (11) sind der Linearisierung geschuldet. Die restlichen Nebenbedingungen lassen sich vom nichtlinearen Modell übernehmen.

Da festgelegt werden muss, über wie viele Abschnitte eine Approximation stattfindet, wurden in einem Experiment Approximationen unterschiedlicher Grade mit dem nichtlinearen Grundmodell verglichen. Aus diesem Experiment geht hervor, dass selbst bei einer kleinen Anzahl an Stützstellen verhältnismäßig geringe Abweichungen zustande kommen. Unter gewissen Bedingungen kann es sogar passieren, dass das Maximum der zu approximierenden Funktion ($F = 8,25$) mit einer kleinen Anzahl an eingesetzten linearen Funktionsabschnitten exakt getroffen wird, was dagegen mit einer Vervielfachung der Stützstellen nicht mehr gelingt. Der Grund hierfür liegt in der quadratischen Funktionsstruktur. Generell kann ein exakter Treffer nur mit einer ungeraden Anzahl an Stützstellen gelingen, wobei die genaue benötigte Anzahl von u abhängig ist. Abbildung 2 zeigt, dass der ZF- Wert bei $f = 4$ stark ansteigt und sich dann in einem periodischen Zyklus fortentwickelt, dessen Amplitude immer geringer wird. Außerdem kann man an dieser Abbildung erkennen, dass der Rechenaufwand, dargestellt durch die Anzahl der Variablen, mit der Steigerung der Stützstellen linear anwächst. Somit stellt die lineare Abbildung durch fünf Stützstellen eine sinnhafte Näherung dar, da bei einer Steigerung der Stützstellen ab diesem Zeitpunkt das Verhältnis $\frac{\Delta\,Approximationsgüte}{\Delta\,Stützstellen}$ nicht mehr rentabel ist.

3.2 Modellierung unter Verwendung dynamischer Preissetzung

Dieser Abschnitt bezieht sich auf das von Asdemir et al. (2009) vorgestellte Modell. Auf Grund der Komplexität des Modells wird an dieser Stelle nur die grundsätzliche Herangehensweise bei der Modellierung thematisiert, auf die komplette mathematische

Formulierung wird bewusst verzichtet. Ziel ist es, in das Modell soweit einzuführen, damit ein Modellvergleich zum im vorigen Abschnitt vorgestellten Modell möglich wird.

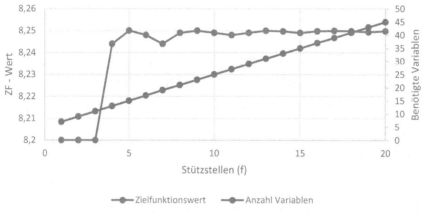

Abbildung 2: Experiment zur Linearisierung[5]

Die Grundidee des Modells besteht darin, den zeitlichen Verlauf der Nachfrage durch eine dynamische Bestimmung der Lieferkosten zu beeinflussen. So sollen Nachfragespitzen zu Stoßzeiten geglättet werden, um den Ressourcenbedarf, welcher sich am Nachfragemaximum orientiert, zu reduzieren. Somit sinken die Kosten respektive erhöht sich der Gewinn. Asdemir et al. (2009) modellieren diesen Preisfindungsprozess durch ein Markow-Entscheidungsproblem. Hierbei werden alle Perioden des Buchungszeitraums, also von der Öffnung bis zur Schließung der Buchungsmöglichkeit eines Zeitfensters, von einer Modellinstanz betrachtet. Die Preisdifferenzierung wird kundengruppenspezifisch festgelegt, berücksichtigt werden die Auswahlwahrscheinlichkeiten der unterschiedlichen Zeitslots, die Preissensibilität der betrachteten Kundengruppe und die verfügbare Kapazität zum Betrachtungszeitpunkt. Die optimale Preisstruktur der Lieferkosten zur Gewinnmaximierung wird rekursiv über alle Perioden bestimmt. Die Formulierung des Modells baut auf dem stochastischen dynamischen Grundmodell auf, welches vor allem aus dem RM bekannt ist. Für eine ausführliche Erklärung dieses Grundmodells sei auf Klein und Steinhardt (2008) verwiesen.

Um ein realistisches Kundenverhalten abbilden zu können, wird ein Discrete Choice Modell[6] eingesetzt. Es handelt sich dabei um ein Logit Modell, was die am weitesten

---

[5] Inputparameter: $U = \{1,2\}$; $r = 20$; $C_t = [10; 12; 16]$; $p_t = [0,5; 0,3; 0,2]$; $x = 0,1$; $O = \{1,2,3\}$; $B = 4$

verbreitete Ausprägung des Discrete Choice Modells darstellt (vgl. Gönsch et al., 2008, S. 358). Hierzu wird eine Unterteilung der Kunden in unterschiedliche Gruppen vorgenommen, welche jeweils durch spezifische Verhaltensmuster charakterisiert werden. So wird für jede Kundengruppe eine Ankunftswahrscheinlichkeit zu jeder Buchungsperiode festgelegt. Zusätzlich wird vorausgesagt, wie hoch der Nutzen für die betrachtete Kundengruppe bei Lieferung der Ware in einem bestimmten Zeitfenster ist. Um die Beeinflussung der Kundenentscheidung durch die dynamisch gesetzten Lieferpreise abbilden zu können, werden die Nutzenwerte durch eine Funktion modifiziert. Dabei wird der Nutzen durch einen parametrisch festgelegten Anteil des Preises verringert. Steigt also der Lieferpreis eines Zeitfensters, so sinkt die Nachfrage nach demselben respektive steigt die Nachfrage der anderen Zeitfenster zu gleichen Teilen. Basierend auf diesen Nutzenwerten wird durch eine Funktion berechnet, mit welcher Wahrscheinlichkeit die betrachtete Kundengruppe ein bestimmtes Zeitfenster auswählt. Hier spielt neben dem modifizierten Nutzen noch eine stochastische, identisch verteilte Variable eine Rolle. Dadurch bildet das Modell die Gegebenheit aus der Realwelt, dass die Auswahlwahrscheinlichkeit nur zum Teil vorhergesagt werden kann, ab.

Neben den Kundeninformationen werden zur Berechnung der optimalen Preise noch Angaben über die verfügbare Kapazität benötigt. Hierzu wird ein Vektor x verwendet, der für jede Periode die verfügbaren Restkapazitäten jedes Zeitfensters aufnimmt. Von diesem Vektor ist es abhängig, ob eine Bestellung angenommen werden kann oder mangels freier Kapazität abgelehnt werden muss.

Mit diesen Inputdaten kann durch Anwendung des ebenfalls aus dem RM bekannten Optimalitätsprinzips von Bellmann ein gewinnmaximierender Preisvektor herbeigeführt werden. Der Preisvektor stellt zugleich die einzige Entscheidungsvariable und somit den alleinigen Hebel dar. Wie im stochastisch dynamischen Grundmodell wird das Optimierungsproblem in Stufen unterteilt, wobei jede Stufe für eine Buchungsperiode steht. Die Annahme, dass pro Stufe höchstens eine Kundengruppe m im System ankommt, wird vom Grundmodell übernommen. Das Modell wird nun erweitert, indem für jede Stufe t zwei Wertfunktionen $V_t(x_t)$ und $V_t(x_t, m)$ aufgestellt werden. $V_t(x_t)$ stellt den reduzierten Zustand des Systems dar und beschreibt die maximale mit der verfügbaren Kapazität

---

[6] Für eine Einführung in das Discrete Choice Modelling siehe Gönsch et al. (2008).

zum Zeitpunkt t zu erreichende Auszahlung. Diese Funktion stellt zudem sicher, dass das System mit gleichbleibender Kapazität in den nächsten Zustand übergeht, falls in $t-1$ keine Kundenankunft zu verzeichnen ist. Der größte Unterschied zum Grundmodell besteht darin, dass in jeder Stufe nicht nur eine binäre Entscheidung zwischen Annahme und Ablehnung der Bestellung ansteht, stattdessen wird bei Kundenankunft im kompletten Systemzustand $V_t(\boldsymbol{x}, m)$ durch die dynamische Bepreisung der Lieferkosten eine Maximierung des erwarteten Umsatzes durchgeführt. Der Buchungszeitraum wird in T Mikroperioden eingeteilt, wobei pro Periode höchstens eine Kundengruppe ankommt. Die rekursive Berechnung erfolgt, wie in Abbildung 3 veranschaulicht, ausgehend von Periode $t = 0$.

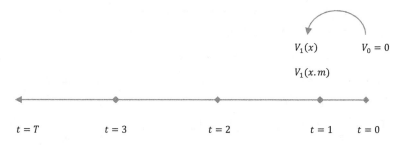

Abbildung 3: Veranschaulichung der rückwärtsrekursiven Berechungsweise

3.3 Vergleich der dargestellten Modelle

Die im Abschnitt 3.1 und 3.2 vorgestellten Modelle verfolgen mit der Erhöhung des Gewinns bei Attended Home Delivery Angeboten grundsätzlich dasselbe Ziel. Dennoch gibt es wesentliche Unterschiede in der Formulierung und Funktionsweise der Modelle. Ziel dieses Abschnitts ist es, unterschiedliche sowie gemeinsame Herangehensweisen aufzuzeigen und Schlüsse daraus zu ziehen.

Wie schon in den Abschnitt 3.1 und 3.2 erwähnt, formulieren Campbell und Savelsbergh (2006) ein lineares Programm, wohingegen Asdemir et al. (2009) ein stochastisch dynamisches Modell unter Anwendung des Optimalitätsprinzips von Bellman vorstellen. Die Modelle lassen sich somit zwei sehr unterschiedlichen Klassen zuordnen. Dies impliziert, dass die mathematischen Formulierungen stark voneinander abweichen. Außerdem fällt auf, dass das gemeinsame Hauptziel der Gewinnmaximierung durch unterschiedliche Unterziele erreicht wird. So bezieht das LP nur eine einzige neu ankommende Bestellung in die Optimierung mit ein, wohingegen das dynamische Modell den Gesamtgewinn über einen kompletten Buchungszeitraum mit mehreren Bestellungen maximiert. Auch bei der

Größe des im Modell betrachteten Liefergebiets unterscheiden sich die Ansätze. So wird beim LP das gesamte Liefergebiet von einer Modellinstanz betrachtet, Asdemir et al. (2009) beschränken dagegen eine Modellinstanz auf ein begrenztes Arial, wie etwa ein PLZ-Gebiet. Ebenfalls unterscheidet sich der Output der Modelle. So liefert das LP gewinnmaximierende Rabatte auf ausgewählte Zeitfenster, das dynamische Modell berechnet dagegen spezifische Lieferpreise für alle Kundengruppen, Zeitfenster und Buchungsperioden.

Nach dem Vergleich der grundlegenden Ausprägungen und Rahmenbedingungen der Modelle erfolgt nun eine detailliertere Darstellung der Gemeinsamkeiten und Unterschiede der Modelle. Dazu wurden mehrere Untersuchungsgegenstände identifiziert und verglichen. Die Ergebnisse, die in Tabelle 3 aufgeführt sind, werden im Folgenden interpretiert.

Schon durch die leicht unterschiedliche Beschränkung des Buchungszeitraums driften die Einsatzmöglichkeiten der Modelle auseinander. So ist mit dem Modell von Campbell und Savelsbergh (2006) wegen der Begrenzung des Buchungszeitraums durch den Annahmeschluss des betrachteten Liefertags keine tagesübergreifende Betrachtung innerhalb einer Instanz durchführbar, wie es das Modell von Asdemir et al. (2009) ermöglicht. Dadurch ist das erstere Modell prädestiniert für den Einsatz in der kurzfristigen Planung, das zweite Modell ermöglicht hingegen durch einen dynamischen Buchungszeitraum eine längerfristige Planung und kann so z.B. auch saisonalen Nachfragespitzen entgegenwirken.

Die Abbildung der Nachfrage erfolgt bei beiden Modellen auf eine ähnliche Weise. Allerdings legen Asdemir et al. (2009) ein wissenschaftlich fundiertes Discrete Choice Modell zur Abbildung des Kundenverhaltens zu Grunde, während Campbell und Savelsbergh (2006) lediglich Auswahlwahrscheinlichkeiten durch Beobachtungen annehmen. Daher liegt die Vermutung nahe, dass Asdemir et al. (2009) genauere Vorhersagen bezüglich der präferierten Zeitfenster treffen können.

Da die Modellformulierungen stark voneinander abweichen, macht es Sinn, die weiteren Untersuchungsgegenstände durch eine Gegenüberstellung der jeweils exklusiven Bestandteile zu bilden. Dabei fällt zuerst auf, dass die jeweiligen größten Einflussfaktoren der Optimierung unterschiedlich sind. Campbell und Savelsbergh (2006) konzentrieren sich stark auf das Routing. So werden für alle bereits angenommenen Bestellungen möglichst günstige Routen gebildet, um die neue Bestellung dann an der günstigsten Stelle einzufügen. Asdemir et al. (2009) sorgen hingegen durch die Annahme eines kleinen Betrachtungsareals dafür, dass die Längen der Routen reduziert und damit deren Einfluss auf den Lieferpreis marginalisiert werden. Somit kann bei diesem Ansatz die Routenbildung im Zuge der Optimierung vernachlässigt werden und nachgelagert ablaufen. Der wichtigste Einflussfaktor dieses Modell stellt die Kapazität dar, welcher Campbell und Savelsbergh (2006) wiederum keine einschränkende Wirkung beimessen. Zudem vernachlässigen diese Handlungen in der Zukunft, wohingegen Asdemir et al. (2009) solche in Form von Opportunitätskosten in die Preisfindung einbeziehen.

Zusammenfassend lässt sich also feststellen, dass sich nur die Modellierung der Nachfrage sehr ähnelt und die ausschließliche Einflussnahme über den Preis erfolgt, ansonsten geht die Formulierung der beiden Modelle sehr auseinander. Folgerichtig bestehen die einzigen gemeinsamen Einflussfaktoren auf die Preisbildung auch aus der Preissensibilität und den Auswahlwahrscheinlichkeiten. Somit konkurrieren diese Modelle keinesfalls, wenn es um die Implementierung eines Anreizsystems geht. Vielmehr wäre ein paralleler Einsatz in einem System denkbar, bei dem das lineare Modell die kurzfristige Planung übernimmt, während das dynamische Modell zur längerfristigen, strategischen Preisfindung eingesetzt wird. Dadurch werden die Stärken der Modelle verbunden und dabei gleichzeitig ein Teil deren Schwächen eliminiert.

Untersuchungsgegenstand		Campbell und Savelsbergh (2006)	Asdemir et al. (2009)
Buchungszeitraum		Begrenzt durch Annahmeschluss für Liefertag	Begrenzt durch Annahmeschluss für Zeitfenster
Modellierung Nachfrage	Auswahlwahrscheinlichkeit	Stochastische Parameter (Verteilung folgt Beobachtungen)	Transformation von Nutzenwerten durch Discrete Choice Modell
	Beeinflussung Kundenverhalten	Erhöhung der Wahlwahrscheinlichkeit um xI_t	Verringerung des Nutzen um $x_m a_{m,t}$
Exklusive Bestand-	Routenbildung	Ermittlung möglicher Routen im Preprocessing; Einfügekosten als Indikator für günstigste Route	Keine Routenbildung
	Kapazität	Nicht einschränkend	Einschränkend

Künstliche Beschränkung	Maximaler Rabatt auf einzelnes Zeitfenster	Keine
Einfluss zukünftiger Ereignisse	Kein Einfluss	Monetarisierung durch Opportunitäskosten
Einflussfaktoren der Preisbildung	Einfügekosten; Auswahlwahrscheinlichkeit; Preissensibilität	Auswahlwahrscheinlichkeit; Kapazität, Opportunitätskosten; Preissensibilität
Stärken	Minimierung der Transportkosten; Loslösung von Preispolitik durch Bildung unabhängiger Rabatte	Ausgleich der Nachfrage, dadurch Minimierung der für Lieferung notwendigen Ressourcen
Schwächen	Vernachlässigung des Geldwerts der Kapazität, dadurch im Extremfall Verstärkung der Nachfrageschwankungen, somit Erhöhung des Ressourcenbedarfs	Keine Berücksichtigung der Transportkosten; kann als undurchsichtige Preispolitik wahrgenommen werden, da dynamische Preise vom Kunden als willkürlich wahrgenommen werden könnten

Tabelle 3: Vergleich der Modelle von Campbell und Savelsbergh (2006) und Asdemir et al. (2009)

17

4 Umsetzung

Um das in Abschnitt 3.1 vorgestellte Modell auf seine Praxistauglichkeit zu überprüfen, soll die Wirksamkeit des Anreizsystems durch dessen Anwendung auf ein Modellbeispiel ermittelt werden. Dazu wird in Abschnitt 4.1 zur Veranschaulichung in ein Modellbeispiel eingeführt. Im darauf folgenden Abschnitt 4.2 wird darauf eingegangen, wie die Höhe der Einfügekosten einer Bestellung in ein spezifisches Zeitfenster ermittelt werden kann. Im abschließenden Abschnitt 4.4 wird das implementierte Modell mit unterschiedlichen Konfigurationen der Parameter auf das Beispiel angewendet sowie die dabei entstehenden Ergebnisse interpretiert.

4.1 Entwicklung eines Beispiels

Die Geschäftsführung eines Supermarkts zieht in Erwägung, in das Geschäft des Onlinehandels von Lebensmittel einzusteigen. Zu Beginn soll der neue Service einem eingeschränkten Areal von 625 Flächeneinheiten zur Verfügung stehen. Die Kunden können sechs einstündige Zeitfenster auswählen, in welchen die Ware ausgeliefert wird. Im betrachteten Buchungszeitraum sind schon einige bereits angenommene Bestellungen vorhanden. Dabei sind zwei Betrachtungszeitpunkte relevant: zum einen die bereits angenommenen Bestellungen nach Ablauf eines Viertels der Buchungsperiode (Abbildung 4), zum anderen die angenommenen Bestellungen nach Ablauf von Dreivierteln der Buchungsperiode (Abbildung 5). Beim zweiten Betrachtungszeitpunkt wird die neue Bestellung E dabei für jede neue Modellinstanz zufällig auf der zur Verfügung stehenden Lieferfläche verteilt.

Da die Lieferung einen Großteil der entstehenden Kosten darstellt, sollen möglichst günstige Lieferrouten gefunden werden. Dabei wird die Annahme getroffen, dass zur Distanzberechnung das euklidische Distanzmaß heran gezogen werden kann. Bisher wird für die Auslieferung in allen Zeitfenstern der gleiche Lieferpreis angesetzt. Nun soll überprüft werden, ob die Lieferkosten durch das Einführen eines Anreizsystems weiter gesenkt werden können. So sollen bei den zwei günstigsten Zeitfenstern Anreize gesetzt werden, wobei der maximale Anreiz eines einzelnen Zeitfensters vier Euro nicht übersteigen darf.

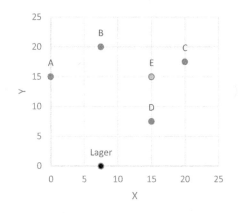
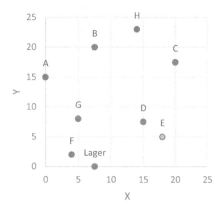

Abbildung 4: Betrachtungszeitpunkt 1; 25% der Buchungsperiode sind abgelaufen

Abbildung 5: Betrachtungszeitpunkt 2; 75% der Buchungsperiode sind abgelaufen

Mit dieser Beschränkung soll vermieden werden, dass die Kunden durch eine zu hohe Preisschwankung irritiert werden. Es wird vereinfachend zu Grunde gelegt, dass die Überbrückung jeder Entfernungseinheit einen Euro kostet und eine Minute benötigt. Beim Kunden angelangt, benötigt der Spediteur im Durchschnitt acht Minuten, um die Bestellung zuzustellen. Da laut Statista (2014) der Mittelwert eines Einkaufs beim Lebensmitteleinzelhandel in Deutschland bei rund 20 € liegt, wird dieser Betrag als erwarteter Umsatz der neu ankommenden Bestellung angenommen. Die Lieferadresse der Bestellung wird für jede Modellinstanz zufällig innerhalb des spezifizierten Liefergebiets festgelegt.

Das Kundenverhalten wird mit folgender Annahme konstruiert: Ein zufälliges Zeitfenster zf wird vom Kunden mit dreifacher Wahrscheinlichkeit ausgewählt, auf das darauf Folgende fällt die Wahl mit doppelter Wahrscheinlichkeit. Die restlichen Zeitfenster werden mit der einfachen Wahrscheinlichkeit gewählt. Überschreitet diese Verteilungskette das letzte Zeitfenster, so wird diese beim ersten Zeitfenster fortgesetzt. Der Preissensibilitätskoeffizient wird auf $x = 0{,}3$ festgelegt, da die Bevölkerung hierzulande relativ empfindlich auf Preisschwankungen des Lebensmittelmarkts reagiert. Alle Inputparameter des Beispielszenarios werden nochmals in Tabelle 4 aufgeführt.

$U = \{t_i \mid t_i \in O \text{ und } C_i \text{ unter den größten 2}\}$	$x = 0{,}3$
$r = 20$	$O = \{t_1, t_2, t_3, t_4, t_5, t_6\}$
C_t: Wird in Abschnitt 4.2.2 ermittelt	$B = 4$

$$p_t = \begin{cases} 3 * \dfrac{1}{7} & \text{für } t = zf \\[2mm] 2 * \dfrac{1}{7} & \text{für } (t - 1 = zf) \vee (t + |O| - 1 = zf) \\[2mm] \dfrac{1}{7} & sonst \end{cases}$$	$serviceTime = 8$

Tabelle 4: Inputparameter des Beispiels

4.2 Ermittlung der Einfügekosten

Die Ermittlung der Einfügekosten stellt eine zentrale Herausforderung bei der Umsetzung des Modells dar. Angelehnt an Campbell und Savelsbergh (2006) wird in diesem Abschnitt die grundsätzliche Vorgehensweise bei der Ermittlung der Einfügekosten vorgestellt. Um diesen Prozess greifbarer darstellen zu können, werden die Einfügekosten in Abschnitt 4.2.1 für eine kleine Instanzengröße manuell ermittelt. Wie eine mögliche Automatisierung aussehen könnte thematisiert Abschnitt 4.2.

Die Grundlage für die Berechnung der Einfügekosten bildet eine Menge S mit bereits angenommenen und in Lieferpläne eingeteilten Bestellungen. Die einzelnen Elemente von S stellen unterschiedliche, durchführbare Lieferpläne dar. Jede Bestellung ist einem vom Kunden ausgewählten Zeitfenster des Lieferplans zugeteilt. Der Grund für die mehrfache Bildung von unterschiedlichen Lieferplänen liegt in der Vergrößerung der operativen Flexibilität. So steigt die Wahrscheinlichkeit, dass für eine neu ankommende Bestellung eine günstige Liefermöglichkeit gefunden wird, mit der Anzahl an möglichen Lieferplänen.

Um S zu generieren, werden mögliche Lieferrouten aufgelistet, welche die bereits angenommenen Bestellungen bedienen. Wichtig ist hierbei, dass die von den Kunden gewählten Zeitfenster eingehalten werden. Eine Bestellung j kann zwischen den bereits eingefügten Bestellungen i und k in den Lieferplan aufgenommen werden, wenn die folgenden drei Bedingungen erfüllt sind:

(15) $\quad e_j = \max(e_i + serviceTime + w_{i,j}, begin_t)$

(16) $\quad l_j = \max(l_k - serviceTime - w_{j,k}, begin_t)$

(17) $\quad e_j \leq l_j$

Die Variable e_j stellt hierbei den frühestmöglichen Beginn der Zustellung dar, l_j steht für den Zeitpunkt, zudem die Zustellung spätestens beginnen muss. Die Berechnung der

Variablen e_j und l_j erfolgt rekursiv beginnend bei der ersten bzw. bei der letzten Bestellung. Der Parameter $w_{x,y}$ bezeichnet die Wegkosten, die beim Transport von Kunden x zum Kunden y anfallen.

Zu jedem Element s der Menge S werden die Kosten $C(s)$ ermittelt, welche sich aus den Zielkoordinaten der Bestellungen errechnen. Der günstigste Slot wird mit $C(*)$ bezeichnet. Die vier günstigsten Lieferpläne werden betrachtet, um für eine neu ankommende Bestellung j die Einfügekosten in alle verfügbaren Zeitslots zu ermitteln(C_t). Dazu wird versucht, die Bestellung j in alle vorhandenen Lieferpläne, also maximal vier Stück, einzufügen. Hierbei muss an jeder Einfügeposition jedes zur Verfügung stehende Zeitfenster in Betracht gezogen werden. Die Feststellung, ob die Bestellung in den jeweiligen Slot an der betrachteten Position eingefügt werden kann, erfolgt wiederum nach den Bedingungen (15) bis (17). Um die Implementierung zu vereinfachen, wird die Formulierung von Campbell und Savelsbergh (2006) um die Initialisierung $C_t = M$[7] für alle t erweitert. So können diejenigen Zeitfenster identifiziert werden, in denen eine Lieferung nicht durchführbar ist und bei denen es somit zu keiner echten Kostenberechnung kommt.

Die spezifischen Einfügekosten C_t für jedes Zeitfenster werden mit Hilfe dieser Gleichung bestimmt:

(18) $C_t = \min_s([w_{i,j} + w_{j,k} - w_{i,k}] + C(s) - C(*))$

Mit Addition der Differenz $C(s) - C(*)$ zu den neu entstehenden Wegkosten wird sichergestellt, dass ein möglicher Kostenanstieg des Lieferplans berücksichtigt wird, falls die neue Bestellung nicht in den bisher günstigsten Lieferplan $C(*)$ eingefügt wird.

4.2.1 Manuelle Berechnung der Einfügekosten

In diesem Abschnitt wird zur Vereinfachung der erste Betrachtungszeitpunkt (Abbildung 4) zu Grunde gelegt. Darüber hinaus stehen nur zwei einstündige Zeitfenster zur Verfügung. In diesem Beispiel soll die Ermittlung des Elements s_1 der Menge S verdeutlicht werden. Es wird die Heuristik zugrunde gelegt, dass diejenige Bestellung eingefügt wird, die die geringsten Einfügekosten zur Folge hat.

---

[7] M steht für eine hinreichend große Zahl

In der ersten Iteration (Tabelle 5) wird ermittelt, welche Bestellung an der ersten Position in die Liefertour eingefügt wird. Da Gleichung (17) für alle Bestellungen erfüllt ist, könnte grundsätzlich jede der Bestellung in s aufgenommen werden. Im Hinblick auf die gewählte Heuristik wird jedoch die Bestellung mit den geringsten Einfügekosten aufgenommen, in diesem Fall Bestellung D. Somit beträgt $s_1 = \{[D]\}$.

Bestellung i	A	B	C	D
e_i	0	0	0	60
l_i	60	60	60	120
$e_j \leq l_j$	Ja	Ja	Ja	Ja
Kosten	33,5410197	40	43,0116263	21,2132034

Tabelle 5: Ermittlung der Einfügekosten (Iteration 1)

Nun wird in der zweiten Iteration untersucht, welche weitere Bestellung am kostengünstigsten eingefügt werden kann. Ab der zweiten Iteration muss zusätzlich berücksichtigt werden, dass mehrere Einfügepositionen in Betracht kommen. So kann die zu planende Bestellung, wie in Tabelle 6 ersichtlich, vor oder nach der bereits geplanten Bestellung eingefügt werden. Nach dem aus der ersten Iteration bereits bekannten Schema wird Bestellung C an Position 0 eingefügt, somit beträgt $s_1 = \{[C, D]\}$.

Bestellung i	A	A	B	B	C	C
e_i	0	146,77051	0	146,77051	0	146,77051
l_i	33,2294902	60	33,2294902	60	33,2294902	60
$e_j \leq l_j$	Ja	Nein	Ja	Nein	Ja	Nein
Kosten	22,9344179		23,970778		22,0795513	
Pos.	1	2	1	2	1	2

Tabelle 6: Ermittlung der Einfügekosten (Iteration 2)

Die weiteren Iterationen verlaufen nach demselben Raster, nach der vierten Iteration erhält man den Lieferplan $s_1 = \{[A, B, C, D]\}$. Diese Prozedur muss nun für jeden weiteren Lieferplan wiederholt werden, wobei in die Wahl der einzufügenden Bestellung ein zufälliger Faktor mit einbezogen werden sollte um unterschiedliche Lieferpläne zu erhalten.

In den Lieferplan s_1 kann nun die neu ankommende Bestellung E eingefügt werden. Hierbei ist zu beachten, dass an jeder Position versucht wird, E in jedes verfügbare Zeitfenster einzufügen. So wird zum Beispiel in Tabelle 8 ersichtlich, dass E an Position 4 sowohl in das erste, als auch in das zweite Zeitfenster eingefügt werden kann. Die grau unterlegten Spalten stellen die bereits angenommenen und geplanten Bestellungen dar.

Pos.	1	A	2	B	3
e_i		0	25	19,0138782	38,0277564
l_i	-6,76142697	18,238573	18,238573	37,2524512	44,4098301
$e_j \leq l_j$	Nein		Nein		Ja
Kosten					1,85649935

Tabelle 7: Einfügen der Bestellung E in den Lieferplan (Teil 1)

Pos.	C	4 in t_1	4 in t_2	D	5
e_i	41,761427	57,3515969	60	60	77,5
l_i	60	60	102,5	120	120
$e_j \leq l_j$	Ja	Ja		Ja	
Kosten		1,90983006	1,90983006		13,6639081

Tabelle 8: Einfügen der Bestellung E in den Lieferplan (Teil 2)

Unter der Annahme, dass in den anderen Elementen von S keine günstigere Einfügemöglichkeit besteht, können nun die Inputparameter $C_1 = 1,85649935$ und $C_2 = 1,90983006$ festgelegt werden.

4.2.2 Automatisierte Ermittlung der Einfügekosten

Die manuelle Ermittlung der Einfügekosten ist schon für kleine Instanzen – wie in Abschnitt 4.2.1 zu sehen – sehr aufwändig. Außerdem werden durch die stochastischen Elemente des Modells mehrere Instanzen für einen Untersuchungsgegenstand benötigt, um ein repräsentatives Ergebnis zu erhalten. Dies führt dazu, dass für sinnvolle Modellanalysen eine Automatisierung dieses Prozesses unumgänglich ist. Diese Automatisierung kann in zwei Schritte unterteilt werden. So wird in Abschnitt 4.2.2.1 darauf eingegangen, wie Lieferpläne für bereits angenommene Bestellungen gebildet werden können. In Abschnitt 4.2.2.2 erfolgt dann die Planung der neu ankommenden Bestellung. Die Implementierung erfolgt dabei in Microsoft Excel unter Verwendung von Visual Basic for Applications.

4.2.2.1 Bildung der Lieferpläne für bereits angenommene Bestellungen

Der erste Schritt zur Automatisierung stellt die Bildung möglicher Lieferpläne der bereits angenommenen Bestellungen dar. Hier sind mehrere Verfahren denkbar, Campbell und Savelsbergh (2006) raten zum Einsatz einer Greedy Randomized Adaptive Search

Proceduere (GRASP). Die Besonderheit der GRASP liegt darin, dass diese Prozedur im Vergleich zu anderen Suchalgorithmen wie z.B. Tabu Search vor allem bei großen Instanzen mit wenig Rechenaufwand gute Lösungen findet (vgl. Feo und Resende, 1995, S. 112). Das Auffinden der günstigsten Route erfolgt dabei iterativ. Da durch den wahrscheinlichkeitstheoretischen Bestandteil des Algorithmus die günstigste Bestellung nicht zwangsläufig zuerst eingefügt wird, entstehen mit jeder Iteration unterschiedliche Lieferpläne. Campbell und Savelsbergh (2006) nennen als Mindestgrenze die Erzeugung von 50 Lieferplänen, um in der logistischen Planung flexibel zu bleiben. Auf Grund der Komplexität und des hohen Aufwands der Implementierung einer GRASP wird im Rahmen dieser Arbeit eine alternative Implementierungsmöglichkeit verwendet. Ein zufälliger Lieferplan, der nicht durchführbar sein muss, der aber alle geplanten Bestellungen bedient, bildet hierfür den Ausgangspunkt. Danach werden alle Permutationen dieses Lieferplans ermittelt. Um festzustellen, ob ein Lieferplan durchführbar ist, werden, wie bei der manuellen Berechnung, die Bedingungen (15) - (17) herangezogen. Die Liste aller Lieferpläne wird nun so geordnet, dass die durchführbaren Routen zu Beginn der Liste absteigend sortiert nach den Kosten aufgeführt werden.

Die Bildung des ersten Lieferplans kann durch eine einfache Aneinanderreihung aller Bestellungen in Zelle A1 erfolgen, z.B. ABCDFGH. Die Berechnung der Wegkosten kann durch Verwendung von Namen in Microsoft Excel relativ einfach und intuitiv implementiert werden. Dazu wird jeder Eintrag der Matrix mit einem eindeutigen Namen referenziert. Die Entfernung und somit die Wegkosten von Bestellung A zu Bestellung B werden z.B. mit dem Namen AB bezeichnet. So können die Gesamtkosten eines Lieferplans ermittelt werden, indem die einzelnen Wege isoliert, dann deren Kosten ermittelt werden und am Ende die Summe über die Kosten aller Einzelstrecken gebildet wird. Excel bietet für die Isolierung die TEIL-Funktion und für die Referenz der Wegkosten die INDIREKT-Funktion an. Die frühesten und spätesten Zeitpunkte, an welchen die Auslieferung der Bestellung i beginnen darf beziehungsweise muss (e_i und l_i), können mit denselben Funktionen ermittelt werden. Zusätzlich wird hierfür noch die VERWEIS-Funktion verwendet, um den Beginn- bzw. den Endzeitpunkt der gewählten Zeitfenster zu ermitteln. Um alle Permutationen des ersten Lieferplans zu erhalten, wird in der ersten Zelle der nächsten Zeile (A2) folgende Formel eingefügt:

(19) LINKS(INDIREKT("A"&C2);LÄNGE(A$1)-B2-1)&

RECHTS(INDIREKT("A"&C2);B2)&

LINKS(RECHTS(INDIREKT("A"

&C2);B2+1);1)LINKS(RECHTS(INDIREKT("A"&C2);B2+1);1)

In Zelle B2 muss diese Matrixformel eingefügt werden:

(20) {8-VERGLEICH(0;REST(ZEILE()-1;FAKULTÄT(8-SPALTE

($A:$G)));0)}

Komplettiert wird die Berechnung durch folgende Formel in Zelle C2:

(21) -FAKULTÄT(B2)+ZEILE()

Die Funktionsweise dieses Formelkonstrukts lässt sich am besten an dem kleinen Beispiel aus Abschnitt 4.2.1 veranschaulichen. In Spalte A setzt Formel (19) die Permutation der Tour zusammen. Dies geschieht auf Basis einer bereits ermittelten Permutation, indem diese durch die Excel Textfunktionen LINKS und RECHTS neu zusammengesetzt werden. Betrachtet man beispielsweise die erste Permutation in Zeile 2 der Tabelle 10, so lässt sich die resultierende Tour folgendermaßen herleiten:

LINKS(INDIREKT("A"&1);LÄNGE(A$1)-1-1)=LINKS(ABCD;2)	AB
RECHTS(INDIREKT("A"&1);1)=RECHTS(ABCD;1)	D
LINKS(RECHTS(INDIREKT("A" &1);1+1);1)= LINKS(RECHTS(ABCD);2);1)=LINKS(CD;1)	C

Tabelle 9: Zusammensetzen der ersten Permutation

Hier wird ersichtlich, dass der Tausch von der rechten Seite der Tour ausgeht. So werden zu tauschende Bestellungen von rechts zusammenhängend um eine Stelle nach links verschoben, die anderen Bestellungen bleiben unberührt und werden beim Verschieben übersprungen. Die Anzahl der zu verschiebenden Elemente wird dabei durch Formel (20) bestimmt. Dazu wird eine virtuelle Suchmatrix mit vier Spalten aufgespannt. Die Matrixeinträge stellen den ganzzahligen Rest der Division $\frac{ZEILE()-1}{(4-SPALTE())!}$ dar. Diese Berechnung erfolgt nur auf Basis der Zeilen- und Spaltenindizes der Matrix ($A:$D), der Inhalt der Zellen hat also kein Einfluss auf das Ergebnis. Durch die Excel Funktion VERGLEICH(SUCHKRITERIUM; SUCHMATIRX;VERGLEICHSTYP) kann die erste

Stelle der betrachteten Zeile in der Suchmatrix gefunden werden, an welcher der Matrixeintrag dem Suchkriterium 0 entspricht. Um die Anzahl der zu verschiebenden Touren zu erhalten, wird der Spaltenindex der gefundenen Stelle von der *Länge des Lieferplans* + 1 abgezogen. In Abhängigkeit davon kann durch Formel (20) in Spalte C festgestellt werden, welcher Ausgangsplan als Basis für die Verschiebungsoperation verwendet wird. Dies geschieht durch die Verbindung der Anzahl an Tauschelementen mit dem aktuellen Zeilenindex. So wird zum Beispiel sichergestellt, dass beim Tausch von höchstens zwei Elementen immer die letzte Zeile als Ausgangsplan verwendet wird. Werden hingegen mehr als zwei Elemente getauscht, so wird die vor fünf Zeilen aufgeführte Tour als Grundlage verwendet. Daran lässt sich erkennen, dass die Bildung der Permutation in Zyklen abläuft, in denen ein Element fixiert wird und durch die Verschiebung der restlichen drei Elemente alle möglichen Anordnungen durchgegangen werden. Einen neuen Zyklus kann man daran erkennen, dass nur der erste Eintrag der Suchmatrix größer null ist und somit in dieser Zeile drei Elemente getauscht werden. In Tabelle 10 ist der Beginn und das Ende eines Zyklus mit einer doppelten Trennlinie verdeutlicht.

	A: Liefer-plan	B: Anzahl der Tauschelemente	C: Ausgangsplan	Suchmatrix			
1	ABCD						
2	ABDC	1	1	1	1	1	0
3	ACDB	2	1	2	2	0	0
4	ACBD	1	3	3	3	1	0
5	ADBC	2	3	4	4	0	0
6	ADCB	1	5	5	5	1	0
7	BCDA	3	1	6	0	0	0
8	BCAD	1	7	7	1	1	0
9	BDAC	2	7	8	2	0	0
10	BDCA	1	9	9	3	1	0
11	BACD	2	9	10	4	0	0
12	BADC	1	11	11	5	1	0
13	CDAB	3	7	12	0	0	0
14	CDBA	1	13	13	1	1	0
15	CABD	2	13	14	2	0	0
16	CADB	1	15	15	3	1	0
17	CBDA	2	15	16	4	0	0
18	CBAD	1	17	17	5	1	0
19	DABC	3	13	18	0	0	0
20	DACB	1	19	19	1	1	0
21	DBCA	2	19	20	2	0	0

	A: Liefer-plan	B: Anzahl der Tauschelemente	C: Ausgangsplan	Suchmatrix		
22	DBAC	1	21	21	3	1	0
23	DCAB	2	21	22	4	0	0
24	DCBA	1	23	23	5	1	0
25	#WERT!	4	1	0	0	0	0

Tabelle 10: Ermittlung der Permutationen; Beispielrechnung mit Excel

An einer Fehlermeldung in Spalte A kann abgelesen werden, wann alle Permutationen erreicht sind. Diese kommt dadurch zustande, dass bereits beim ersten Eintrag der Suchmatrix die Division restlos durchführt werden kann. So ist in diesen Beispiel $\frac{25-1}{(4-1)!} =$ $\frac{24}{6} = 4$. Dadurch werden vier Tauschelemente identifiziert. Wenn nun versucht wird, den Tausch mit Formel (19) durchzuführen, kommt es schon im ersten Teil der Formel zu einem Fehler, da angewiesen wird, eine negative Anzahl an Zeichen zu kopieren. Da somit keine Gefahr einer doppelten Aufführung derselben Route besteht, kann dieses Vorgehen als robust bezeichnet werden.

4.2.2.2 Einfügen einer neuen Bestellung in bestehende Lieferpläne

Das Einfügen einer neuen Bestellung in einen vorhandenen Lieferplan ist, wie schon in Abschnitt 4.2.1 verdeutlicht, komplizierter als das Planen von Lieferrouten für bereits angenommene Bestellungen. Dies liegt daran, dass für neu ankommende Bestellungen noch kein Lieferzeitfenster ausgewählt wurde. Da auf Grundlage der Position der neuen Bestellung im Lieferplan nicht eindeutig auf ein Zeitfenster geschlossen werden kann, muss für jede Position im Lieferplan die Bestellung in jedes verfügbare Zeitfenster eingefügt werden. Damit müssen bei m bereits angenommenen Bestellungen und t zur Auswahl stehenden Zeitfenstern pro Lieferplan $(m + 1) * t$ Lieferrouten gebildet und deren Kosten berechnet werden. Im vorgestellten Beispiel müssen also bei vier Lieferplänen $4 * 8 * 5 = 160$ Routen[8] gebildet werden. Auf Formelbasis wäre dieser Sachverhalt sehr umständlich zu implementieren, außerdem würde die Fehleranfälligkeit der Berechnung auf Grund der Vielzahl an Abhängigkeiten zwischen Zellen enorm ansteigen. Daher erscheint es sinnvoll, an dieser Stelle einen Algorithmus zur Automatisierung einzuset-

---

[8] Eine Route wird in diesem Zusammenhang nicht nur über die Positionen der Bestellungen, sondern zusätzlich über das jeweils der Bestellung zugewiesene Zeitfenster definiert.

zen. Um den Ablauf des Algorithmus nachvollziehbar darzustellen, wurde dieser in Abbildung 6 im Stil eines Flussdiagramms visualisiert.

Der Algorithmus lässt sich, wie in Abbildung 6 ersichtlich, in vier Phasen einteilen: Ermittlung der frühesten Lieferzeitpunkte e_i (blau hervorgehoben); Ermittlung der spätesten Lieferzeitpunkte l_i (grün hervorgehoben); Überprüfung der Durchführbarkeit (orange hervorgehoben); Berechnung der Einfügekosten (violett hervorgehoben).

Das Funktionsschema des Algorithmus folgt der in Abschnitt 4.2 vorgestellten allgemeinen Vorgehensweise, daher wird an dieser Stelle nur auf drei Besonderheiten hingewiesen, die bei der Implementierung zu beachten sind. Diese sind zudem im Flussdiagramm durch gefärbte Felder hervorgehoben.

1. Bei der Ermittlung der frühesten bzw. spätesten Lieferzeitpunkte für die erste bzw. letzte Bestellung des Plans muss abgefragt werden, ob die neue Bestellung an der ersten oder der letzten Position des Lieferplans ist, um die Berechnung mit dem richtigen Zeitfenster starten zu können.

2. Bei allen anderen Bestellungen muss bei der Ermittlung der frühesten bzw. spätesten Lieferzeitpunkte abgefragt werden, ob die neu eingefügte Bestellung die aktuell betrachtete Bestellung ist um gewährleisten zu können, dass das richtige Zeitfenster für die Berechnung zu Grunde gelegt wird.

3. Bei der Berechnung der Einfügekosten muss, falls die neue Bestellung an erster oder letzter Position ist, der Weg vom beziehungsweise zum Lager berücksichtigt werden.

Sollte ein C_t nach Ablauf des Algorithmus den Wert M betragen, so ist eine Auslieferung im Zeitfenster t nicht möglich. Daher sollte dieses auch nicht zur Auswahl angeboten werden. Falls $p_t > 0$ erfüllt ist, muss zudem beachtet werden, dass der ZF-Wert verfälscht wird. Die Berechnung der Rabatte auf die restlichen Zeitfenster erfolgt aber dennoch korrekt, sofern die Annahme getroffen wird, dass die Nachfrage nach dem nicht verfügbaren Zeitfenster verloren geht.

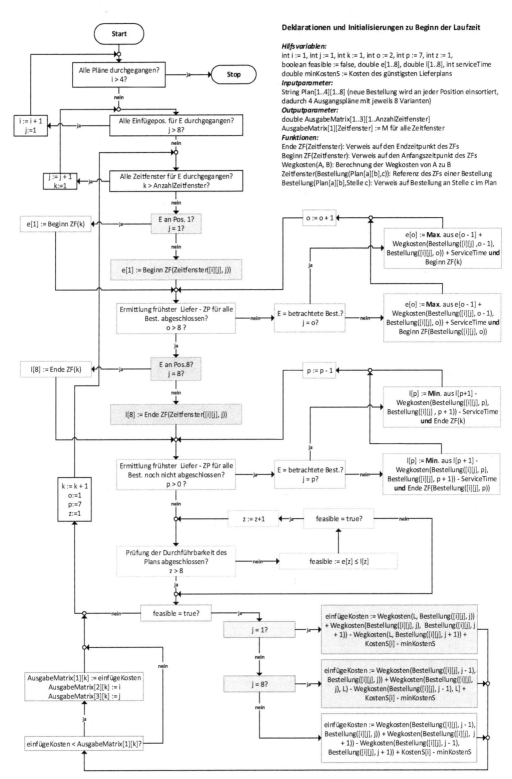

Abbildung 6: Flussdiagramm des Algorithmus zur Einfügung der neuen Bestellung

4.3 Implementierung des Modells

Da die Implementierung des LPs in ILOG CPLEX erfolgt, muss das Modell in die Model-
lierungssprache OPL übersetzt werden. Das Modell kann weitestgehend ohne
Modifikationen übertragen werden, lediglich bei der Zielfunktion kann durch eine Anpassung der Modellierung die Effizienz im Hinblick auf in Abschnitt 4.4 folgende
Experimente gesteigert werden. So kann in Gleichung (9) die Summe $\sum_{t \in U} \left[\left(\frac{u}{f-1} \right)^2 y_{t,2} + \right.$

$\left. \left(\frac{2u}{f-1} \right)^2 y_{t,3} + \cdots + u^2 y_{t,f} \right]$ durch die Entscheidungsvariable L mit

$L = \sum_{t \in U} \sum_{s=1}^{f-1} \left(\frac{su}{f-1} \right)^2 y_{t,s+1}$ ersetzt werden. Dazu muss noch ein zusätzlicher Inputparameter f eingeführt werden, über welchen die Anzahl an Stützstellen der Approximation
definiert werden kann. Resultierend aus dieser Umformung ergibt sich der Vorteil, dass
für Analysen bezüglich des Verhaltens und der Genauigkeit der Approximation die Zielfunktion nicht verändert werden muss. Die daraus hervorgehende und in OPL übersetzte
Zielfunktion ist in Abbildung 7 dargestellt.

```
34 //Zielfunktion: Funktion (9)
35 maximize sum(t in U)(x*(ri-C[t])-pi[t])*I[t]
36     -x*L
37     -sum(t in V)(ri-C[t])*z
38     +sum(t in U)(ri*pi[t]-C[t]*pi[t])
39     +sum(t in V)(ri*pi[t]-C[t]*pi[t]);
```

Abbildung 7: Implementierung der Zielfunktion in OPL

Die Verknüpfung von ILOG CPLEX und Excel erfolgt über eine in einer separaten Datei
definierte Schnittstelle (Abbildung 8). Im ersten Teil der Datei werden die Verbindungen
zu den Spreadsheets hergestellt. Über die Verbindung „input" werden im zweiten Teil die
Zellen spezifiziert, aus denen die Werte der Inputparameter einzulesen sind. Um den
Ergebnisvektor auszugeben, werden diese Daten durch die Verbindung „output" in das
entsprechende Spreadsheet geschrieben. Die Input- und Outputdaten werden zur besseren
Übersicht in unterschiedlichen Spreadsheets gehalten.

Da ein Teil der Inputvariablen stochastisch ist, müssen die Inputdaten für jede
Modellinstanz neu generiert werden. Dabei sind jedes Mal auch die Einfügekosten, wie in
Abschnitt 4.2.2 beschrieben, zu ermitteln. Für ein manuelles Ausführen des dazu
notwendigen Makros müsste das Spreadsheet vor dem Lösen des Modells geöffnet,
gespeichert und dann wieder geschlossen werden, da ILOG CPLEX zum Abruf der Daten

exklusiven Zugriff auf das Dokument benötigt. Diese Vorgehensweise stellt beim Lösen mehrerer Modellinstanzen einen großen zeitlichen Aufwand dar, womit umfassende Sensitivitätsanalysen kaum möglich wären. Daher ist es auch an dieser Stelle sinnvoll, eine Automatisierung zu entwickeln.

```
 7 //VERBINDUNG AUFBAUEN
 8 SheetConnection input("BA.xlsm");
 9 SheetConnection output("output.xlsx");
10
11 //LESEN
12 anzahlSlots from SheetRead(input,"anzahlSlots");
13 anzahlIncentives from SheetRead(input,"anzahlIncentives");
14 O from SheetRead(input,"setO");
15 U from SheetRead(input,"setU");
16 C from SheetRead(input,"Ct");
17 ri from SheetRead(input,"ri");
18 pi from SheetRead(input,"pit");
19 x from SheetRead(input,"factX");
20 B from SheetRead(input,"maxIntencive");
21 f from SheetRead(input,"approxparF");
22 u from SheetRead(input,"u");
23 durchlauf from SheetRead(output,"durchlauf");
24
25 //SCHREIBEN
26 I to SheetWrite(output,outputI);
27 zfwert to SheetWrite(output,outputZF);
28 durchlauf to SheetWrite(output,"durchlauf");
29 U to SheetWrite(output, outputU);
```

Abbildung 8: Schnittstelle zu Excel

Die Schnittstellen in ILOG CPLEX zu MS EXCEL sind sehr beschränkt, deswegen kommt eine direkte Ansteuerung des EXCEL Makros über ILOG Script nicht infrage. Dennoch lässt sich die Ausführung des Makros über einen Umweg automatisieren. So kann EXCEL mit dem in Abbildung 9 dargestellten Codefragment beim Zugriff automatisch ein Makro starten. Dadurch wird bei jedem Auslesen der Inputdaten automatisch ein neues Modell generiert, ohne dass das Spreadsheet vom Nutzer geöffnet sein muss.

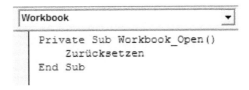

Abbildung 9: Automatisiertes Ausführen eines Makros beim Zugriff auf das Spreadsheet

Eine automatisierte mehrmalige Ausführung des Modells lässt ILOG CPLEX ohne weiteres nicht zu, daher ist auch hier ein Workaround notwendig. Dieser kann über ein Programm geschehen, welches unter Verwendung eines Scripts die Steuerung des Mauszeigers automatisiert und somit die Ausführung des Modells zu festgelegten Zeitpunkten veranlasst.

4.4 Experimente und Ergebnisse

In diesem Abschnitt soll die Wirksamkeit des implementierten Anreizsystems auf Basis des in Abschnitt 4.1 vorgestellten Beispiels untersucht werden. Um die Sensitivität des Modells im Hinblick auf sich ändernde Rahmenbedingungen zu untersuchen, werden ceteris paribus Vergleiche vorgenommen. Diese wurden vor dem Beginn im Rahmen eines Experimentierplans spezifiziert (siehe Tabelle 11). Pro Ausprägung eines Experiments werden 30 Modellinstanzen generiert und zur Auswertung deren Mittelwert herangezogen.

Experiment	Änderungsbereich	Beobachtete Werte	Ziel
Betrag O	$\|O\| = 4; 6; 8$[9]	ZF-Wert	Gewinnverlauf in Abhängigkeit der angebotenen Zeitfenster
Betrag U	$\|U\| = 1; 2; 3; 4$	ZF-Wert, I_t	Gewinnmaximierende Strategie bei Anzahl der Rabatte finden
Länge der Zeitfenster	$Ende_t - Beginn_t =$ $60; 90; 120; 150$	ZF-Wert	Sensitivitätsanalyse bezüglich des angebotenen Servicelevels
Service Time	$st = 6; 10, ..., 14$	ZF-Wert	Einfluss von st quantifizieren
Preissensibilität	$x = 0,05; 0,1; ...; 0,5$	ZF-Wert	Sensitivitätsanalyse bezüglich der Wirksamkeit der Rabatte

Tabelle 11: Experimentierplan

---

[9] Die Bestellungen wurden für jede Ausprägung von $\|O\|$ zufällig auf die verfügbaren Zeitfenster verteilt.

Die ersten drei Experimente sind für die Gestaltung des Anreizsystems sehr interessant, da auf diese Parameter ein hoher Einfluss besteht, teilweise können diese sogar beliebig festgesetzt werden. Die ServiceTime hingegen kann nicht beliebig verkürzt werden, da eine Belieferung ansonsten undurchführbar wird. Auf die Preissensibilität der Kunden besteht hingegen sehr wenig bis gar kein Einfluss, daher ist dieses Experiment wichtig, um die Robustheit des Anreizsystems gegenüber Veränderungen im Kundenverhalten zu überprüfen.

An Abbildung 10 erkennt man, dass das Modell eher schwach auf Veränderungen der Angebotsmenge an Zeitfenstern reagiert. Wird die Anzahl der Zeitfenster verdoppelt, verringert sich der Gewinn um ca. 7 Prozent, sofern ein dadurch entstehender höherer Nutzen aus Kundensicht und die damit verbundenen Implikationen vernachlässigt werden. Der Grund für die hohe Streuung der Ergebnisse, wie auch für die geringe Sensitivität des Modells, liegt vermutlich an der mit acht angenommenen Bestellungen eher kleinen Instanzengröße. Somit entfällt in gewisser Weise eine einschränkende Wirkung des betrachteten Parameters.

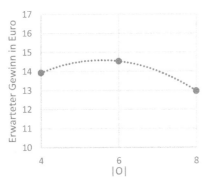

Abbildung 10: Experiment Betrag O

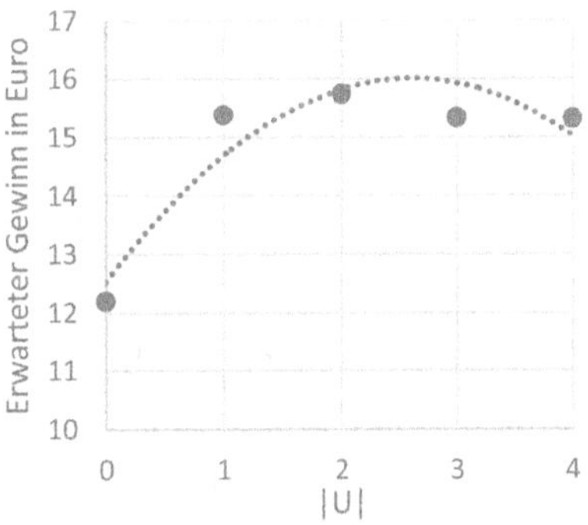

Abbildung 11: Experiment Betrag U

Die Sensitivitätsanalyse bezüglich der Anzahl an rabattierten Zeitfenstern (Abbildung 11) zeigt, dass das implementierte Anreizsystem eine Gewinnsteigerung von ca. 27 Prozent bewirkt. Das Gewinnmaximum liegt bei zwei rabattierten Zeitfenstern, da bei dieser Anzahl die notwendige Flexibilität zur Anreizsetzung gegeben ist, aber gleichzeitig deren Effektivität nicht durch zu große Stückelung des Gesamtrabatts eingeschränkt wird.

Der Einfluss der Länge der Zeitfenster (Abbildung 12) äußert sich aus demselben Grund wie beim ersten Experiment nur marginal, trotzdem lässt sich hier der erwartete leichte Trend nach oben bei längeren Zeitfenstern feststellen, was an der höheren Flexibilität bei der Routenplanung festzumachen ist. Ähnlich ist der Einfluss der Service Time zu bewerten (Abbildung 13). Grundsätzlich geht eine längere Service Time mit einer Abnahme der Flexibilität im Routing einher, allerdings ist das Ergebnis dieses Experiments nur bedingt aussagekräftig, da die betrachtete Instanz – festzumachen an dem Ausmaß der Streuung – hierfür zu klein ist.

Im letzten Experiment soll untersucht werden, wie sich eine Veränderung der Preisempfindlichkeit der Kunden auf Gewinn und Rabatte auswirkt. In Abbildung 14 ist ersichtlich, dass die Wirkung des Anreizsystems bei einer zu geringen Preissensibilität wie erwartet eingeschränkt wird. Interessant ist, dass die Steigung der Gewinnkurve ab $x = 0{,}25$ geringer ausfällt.

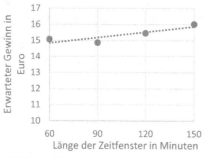
Abbildung 12: Experiment Länge Zeitfenster

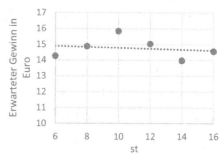
Abbildung 13: Experiment Service Time

Erklären lässt sich dieses Phänomen durch technische Eigenschaften des Anreizsystems. So können die Auswahlwahrscheinlichkeiten nur in einem bestimmten Ausmaß verschoben werden, da ansonsten negative Wahrscheinlichkeiten auftreten. Je höher die Preissensibilität, desto geringer fallen also die Rabatte aus, was in Summe eine ausgleichende Wirkung hat (siehe Abbildung 15). Zudem erkennt das Modell bei $x = 0{,}05$ die schwache Effizienz der Rabatte und begrenzt diese, um einen Verlust zu vermeiden. Somit kann als Ergebnis festgehalten werden, dass das System selbstständig auf Änderungen des Kundenverhaltens reagiert.

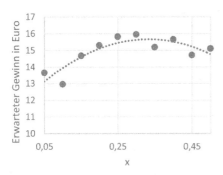

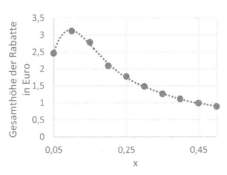

Abbildung 14: Experiment Preissensibilität - Gewinn

Abbildung 15: Experiment Preissensibilität - Gesamthöhe der Rabatte

5 Limitationen und Forschungslücken

Diese Arbeit zeigt, dass in der Wissenschaft durchaus praxisrelevante Konzepte entwickelt wurden, welche einen großen Beitrag zum nachhaltigen Erfolg des ATD leisten können. Dabei ist zu beachten, dass die Funktionsweise des Anreizsystems verständlich erklärt wird. Der Kunde sollte nicht das Gefühl haben, in seiner Wahl eingeschränkt zu sein. Dies spricht dafür, die Wahl ausschließlich über den Preis zu beeinflussen. Andererseits müssen Preisschwankungen zur besseren Akzeptanz transparent erklärt werden können, daher kann es vorteilhaft sein, wenn nur ein bestimmter Anteil des Preises veränderlich ist.

Natürlich ist es utopisch, dass durch ein solches Anreizsystem im Praxiseinsatz Gewinnsteigerungen in Höhe von den unter Laborbedingungen ermittelten 27 Prozent erreicht werden. Dennoch wäre schon ein Gewinnzuwachs um ein Zehntel ein großer Erfolg und könnte den für einen Markteintritt notwendigen Kapitaleinsatz wesentlich reduzieren.

Probleme kann dagegen die korrekte Abbildung des Kundenverhaltens bereiten. Anders als in vielen Handelssektoren wurden im Lebensmittelhandel bisher nur wenige Online-Transaktionen durchgeführt, somit ist nur eine überschaubare Menge an Daten verfügbar, welche auf wichtige Größen wie z.B. die Preissensibilität schließen lässt. Eine Lösung könnte das Zurückgreifen auf durch Kundenbindungssysteme gewonnene Daten darstellen, was allerdings zu datenschutzrechtlichen Problemen führen kann. Möglich ist auch der Einsatz eines verfeinerten Customer Choice Modells, wie etwa Yang et al. (2013) vorschlagen. Diese befürworten zudem eine Berücksichtigung zukünftiger Bestellungen, um nach dem Schließen des Buchungszeitraums eine effizientere Routenführung zu ermöglichen. Schon Campbell und Savelsbergh (2006) haben bei der Vorstellung ihres Modells angemerkt, dass es bei einem Einsatz des Anreizsystems in einer noch jungen Buchungsperiode durch eine zu kleine Datenbasis zu einer für die Zukunft unvorteilhaften Gruppierung der Bestellungen kommen kann. Denkbar ist daher auch ein adaptives System, das aus historischen Daten fortlaufend ermittelt, zu welchen Wahrscheinlichkeiten Bestellungen aus bestimmten Regionen in bestimmten Zeiträumen aufgegeben werden.

Grundsätzlich bleibt eine Anforderungsanalyse vor der Implementierung eines Anreizsystems unverzichtbar, um festzustellen, ob das einzuführende System alle wichtigen Anforderungen erfüllt. Sind z.B. teure Lieferwege das größte Problem, sollte die Optimierung auf jeden Fall an dieser Stelle anknüpfen, bei hohen Nachfrageschwankungen ist dagegen ein kapazitätssteuerndes System die bessere Wahl. Stellen beide Faktoren ein entscheidendes Problem dar, muss ein System gefunden werden, welches eine multikriterielle Optimierung ermöglicht. Um die Effektivität der Anreizsetzung zu gewährleisten, sollte darüber hinaus regelmäßig überprüft werden, ob sich Anforderungen verändert haben und ob diese vom System weiterhin hinreichend erfüllt werden.

Literaturverzeichnis

Agatz, N; A. M. Campbell, M. Fleischmann, J. van Nunen und M. Savelsbergh (2013): Revenue management opportunities for Internet retailers. Journal of Revenue and Pricing Management 12/2, S. 128-138.

Agatz, N.; A. M. Campbell, M. Fleischmann und M. Savelsbergh (2008a): Challenges and Opportunities in Attended Home Delivery. In: Golden B., Raghavan S. und E. A. Wasil (Hrsg.): The Vehicle Routing Problem: Latest Advances and New Challenges. Springer US. o.O., S. 379-396.

Agatz, N.; M. Fleischmann und J. van Nunen (2008b): E-fulfillment and multi-channel distribution – A review. European Journal of Operational Research 187/2, S. 339-356.

Asdemir, K.; S. J. Varghese und K. Ramayya (2009): Dynamic pricing of multiple home delivery options. European Journal of Operations Research 196/1, S. 246-257.

Bent, R und P. V. Hentenryck (2004): Scenario-Based Planning for Partailly Dynamic Vehicle Routing with Stochastic Customers. Operations Research 52/6, S. 977-987.

Campbell A. M. und M. Savelsbergh (2005): Decision Support for Consumer Direct Grocery Initiatives. Transportation Science 39/3, S. 313-327.

Campbell, A. M. und M. Savelsbergh (2006): Incentive Schemas for Attended Home Delivery Services. Transportation Science 40/3, S. 327-341.

Brins, Jan (2013): Rewe online & Co. im Test: Lebensmittel online bestellen. Verfügbar: http://www.computerbild.de/artikel/cb-Tests-DSL-WLAN-Rewe-online-Lebensmittel-online-bestellen-8832478.html (Zugriff am 29.07.2014, Erstellung am 22.10.2013).

Feo, T. A. und M. G. C. Resende (1995): Greedy Randomized Adaptive Search Procedures. Journal of Global Optimization 6, S. 109-133.

Gönsch, J.; R. Klein und C. Steinhardt (2008): Discrete Choice Modelling. Wirtschaftswissenschaftliches Studium 37, S. 412-418.

Klein, R. und C. Steinhardt (2008): Revenue Management - Grundlagen und Mathematische Methoden. Springer, Berlin – Heidelberg.

Punakivi M. und J. Saranen (2001): Identifying the success factors in e-grocery home delivery. International Journal of Retail & Distribution Management 29/4, S. 156-163.

Wagner, Wolf und Daniela Wiehenbrauk (2014): Cross Channel – Die Revolution im Lebensmittelhandel. Verfügbar: http://www.ey.com/Publication/vwLUAssets/EY_Studie-_Cross_Channel_-_Die_Revolution_im_Lebensmittelhandel/$FILE/EY-Cross-Channel-Die-Revolution-im-Lebensmittelhandel.pdf (Zugriff am 02.07.2014).

Statista (2014): Bonsumme pro Einkauf im Lebensmitteleinzelhandel in Deutschland 2014. Verfügbar: http://de.statista.com/statistik/daten/studie/303184/umfrage/bonsumme-pro- einkauf-im-lebensmitteleinzelhandel-in-deutschland/ (Zugriff am 30.07.2014).

Yang, X.; A. K. Strauss, C. Currie und R. Eglese (2013): Choice-Based Demand Management. Transportation Science and Vehicle Routing in E-fulfilment.

www.ingramcontent.com/pod-product-compliance
Lightning Source LLC
LaVergne TN
LVHW080106070326
832902LV00014B/2453